La Leyenda del Legado

1

MATEMÁTICAS

CUADERNO 1

AUTORAS

María José García García

Lydia Romero Montero

W0401704

EDELVIVES PRIMARIA

El 0,7% de la venta de este libro se destina a proyectos de desarrollo de la ONGD SED (www.sed-ongd.org).

Índice

Números del 0 al 5

1 Observa y completa.

0 → cero cero cero cero cero cero

1 → uno uno uno uno

2 → dos dos dos

3 → tres tres tres

4 → cuatro cuatro

5 → cinco cinco

2 Cuenta y escribe el número.

pantalones → ☐

oso → ☐

camisetas → ☐

3 Colorea la cantidad que se indica en cada caso.

0 →

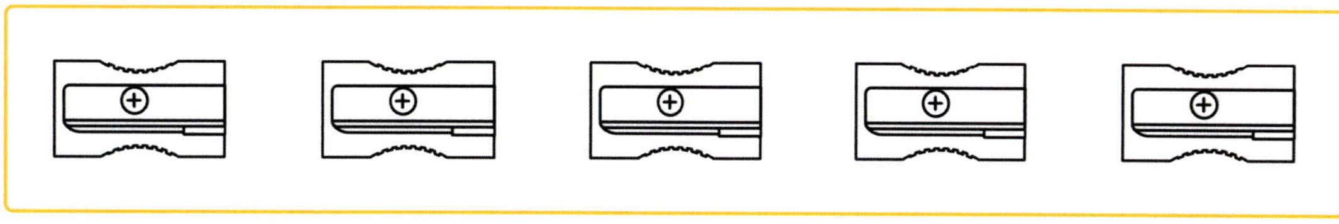

5 →

2 →

4 →

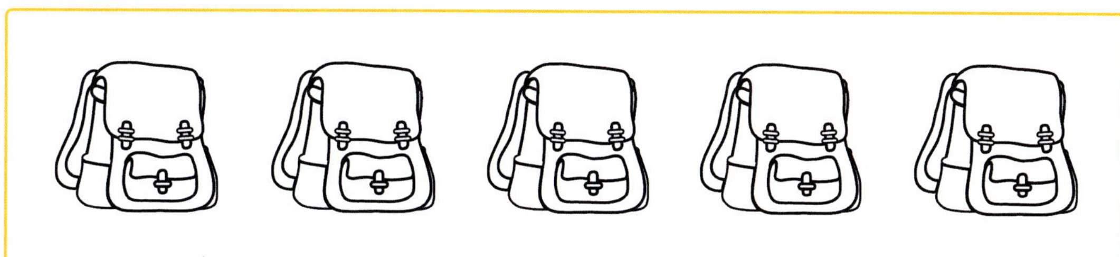

4 Cuenta los helados y escribe el número que corresponde.

Suma en horizontal y vertical

1 Observa y completa.

 más  es igual a 

2 Escribe los números y suma.

3 Calcula estas sumas.

$3 + 2 = \square \rightarrow \begin{array}{r} 3 \\ +\ 2 \\ \hline \square \end{array}$

$1 + 1 = \square \rightarrow \begin{array}{r} 1 \\ +\ 1 \\ \hline \square \end{array}$

$4 + 0 = \square \rightarrow \begin{array}{r} 4 \\ +\ 0 \\ \hline \square \end{array}$

$2 + 1 = \square \rightarrow \begin{array}{r} 2 \\ +\ 1 \\ \hline \square \end{array}$

4 Une con flechas cada suma con su resultado.

3 + 1	2 + 3	3 + 0	1 + 1
4	2	5	3

5 Rodea los números que suman 5 en cada caso.

5 → 0 3 1 2

5 → 0 4 1 2

Muchos y pocos

1 Dibuja lo que se indica.

muchos	pocos

2 Observa y completa con muchas y pocas.

Hay ____________ fresas.

Hay ____________ fresas.

3 Une con flechas según corresponda.

muchos huevos

pocos huevos

Todos, alguno y ninguno

1 ¿Cuántos bombones se han comido? Une con flechas.

todos | alguno | ninguno

2 Escribe V si es verdadero y F si es falso.

☐ Todos los vasos están llenos.

☐ Algunos vasos están llenos.

☐ Ningún vaso está lleno.

3 Dibuja tres lápices en cada cuadro y colorea.

todos rojos | alguno rojo | ninguno rojo

Dentro de y fuera de

1. Rodea las pelotas que están fuera de la piscina.

2. Observa el dibujo y contesta.

- ¿Cuántos lápices hay fuera del bote? Hay ☐ lápices.
- ¿Cuántos lápices hay dentro del bote? Hay ☐ lápices.

3. Completa con dentro o fuera.

Las tijeras están ______ de la mochila.

La manzana está ______ de la mochila.

Delante de y detrás de

1 Rodea con rojo al niño que está delante de la niña de la camiseta morada y con azul a la niña que está detrás.

2 Observa la imagen y colorea la palabra correcta.

La niña está delante / detrás del banco.

▸ Dibuja una pelota delante del banco.

Números del 6 al 9

1 Repasa y escribe los números.

→ seis → 6

→ →

→ →

→ →

2 Cuenta y rodea el número que corresponda.

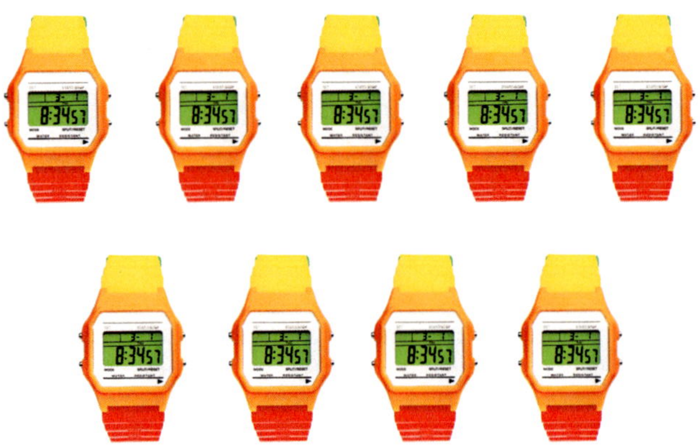

8 9 7

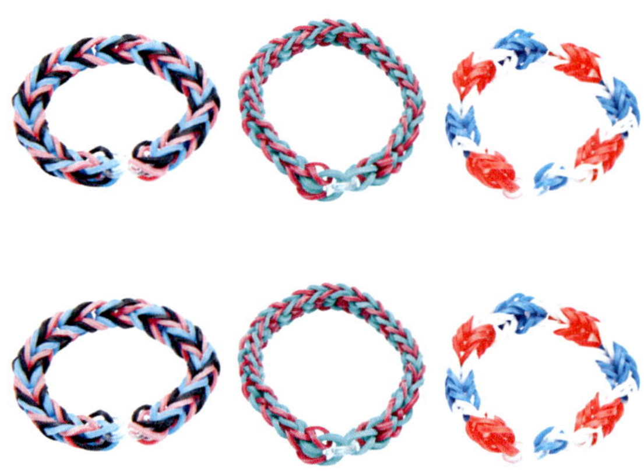

6 8 7

3 Observa el dibujo, cuenta y une con flechas.

seis		7
nueve		9
ocho		6
siete		8

4 Colorea con rojo 8 calcetines, con azul 6 pelotas, con verde 7 zapatillas y con amarillo 5 gorras.

El 10

1 Cuenta y completa como en el ejemplo.

1 y 9 son 10.

☐ y ☐ son 10.

☐ y ☐ son 10.

☐ y ☐ son 10.

☐ y ☐ son 10.

☐ y ☐ son 10.

☐ y ☐ son 10.

☐ y ☐ son 10.

▶ ¿Se te ocurre otra suma cuyo resultado sea 10?

____

2 Colorea los pétalos que suman 10.

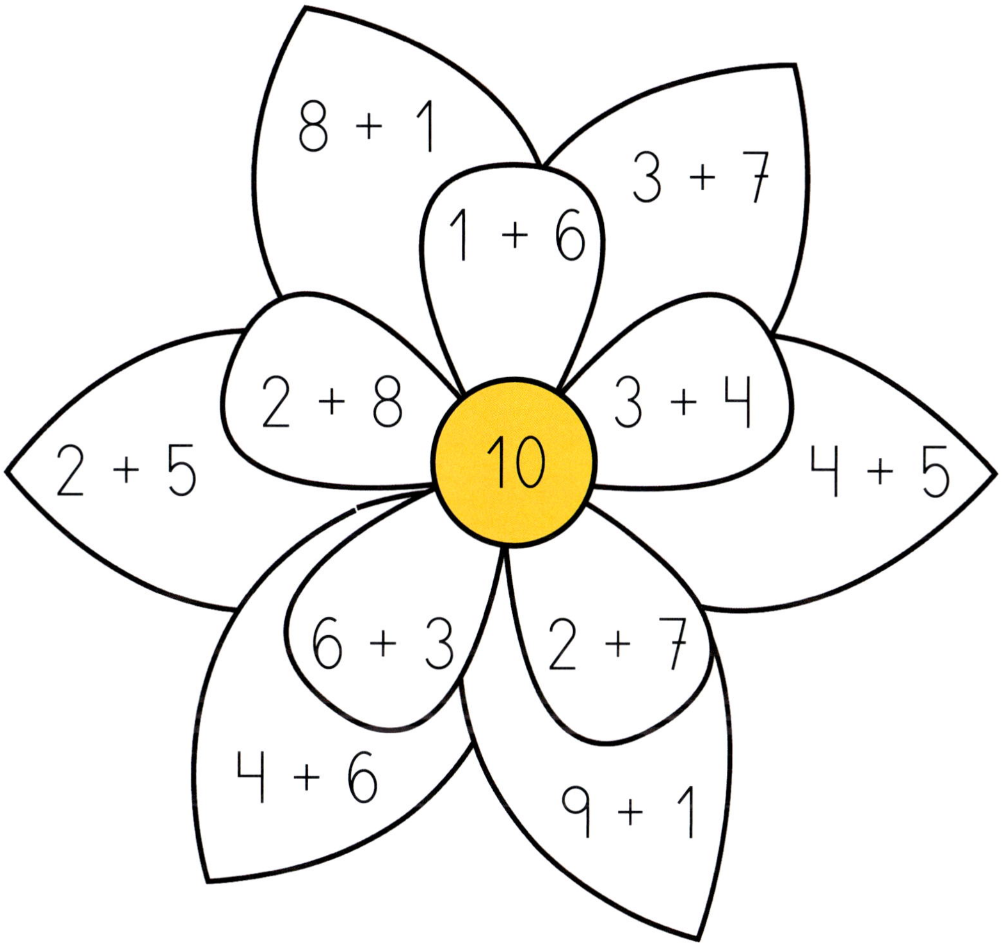

3 Continúa la serie sumando 1.

La decena

1 Rodea en grupos de diez y completa.

Hay ☐ decenas de galletas.

Hay ☐ decena de galletas.

2 ¿Cuántas unidades faltan para completar la decena?

6 U + ☐ U = 1 D

5 U + ☐ U = 1 D

3 U + ☐ U = 1 D

3 Cuenta y dibuja para que haya una decena en cada caso. Después, completa las sumas.

→ 7 + ☐ = 10

→ 8 + ☐ = 10

4 Cuenta y colorea según corresponda.

Hay más / menos de 1 decena de uvas.

Hay más / menos de 1 decena de uvas.

Resta en horizontal y vertical

1 Cuenta y completa las restas como en el ejemplo.

$10 - 3 = 7$

1	2	3	4	5	6	7	~~8~~	~~9~~	~~10~~

$10 - 4 = \square$

1	2	3	4	5	6	7	8	9	10

$10 - 5 = \square$

1	2	3	4	5	6	7	8	9	10

2 Calcula y completa las siguientes restas.

$8 - 4 = \square$ →

$6 - 2 = \square$ →

3 Calcula las restas y únelas con el dibujo correspondiente.

$$\begin{array}{r} 9 \\ -\ 5 \\ \hline \square \end{array}$$

$$\begin{array}{r} 7 \\ -\ 4 \\ \hline \square \end{array}$$

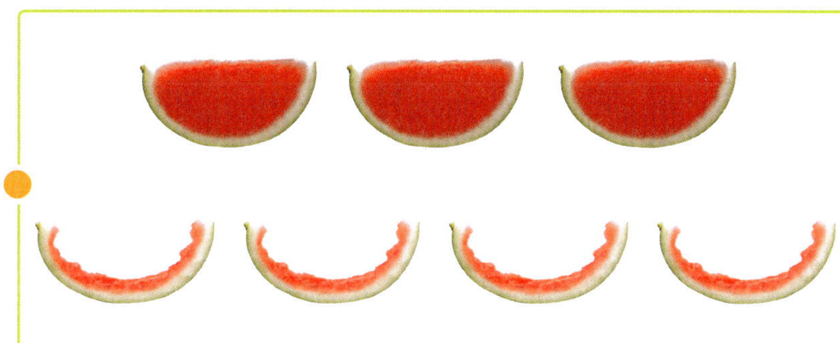

4 Ana invitó a 9 amigas para celebrar su cumpleaños, pero 3 se marcharon pronto. ¿Cuántas amigas se quedaron?

$$\begin{array}{r} \square \\ \bigcirc\ \square \\ \hline \square \end{array}$$

Se quedaron ☐ amigas.

Ancho y estrecho

1 ¿Qué maleta es la más ancha? Colorea la respuesta correcta.

la azul

la naranja

la verde

2 Observa y completa con ancho o estrecho.

El sillón marrón es el más ____________.

El sillón rojo es el más ____________.

Cerca y lejos

1 Observa y completa con cerca o lejos.

El coche está más ________ de la casa que la moto.

La moto está más ________ de la casa que el coche.

2 Rodea con rojo el pato que está más cerca de su mamá y con verde el que está más lejos.

Números del 11 al 15

1 Cuenta y une con flechas. Después, colorea el número que queda sin unir.

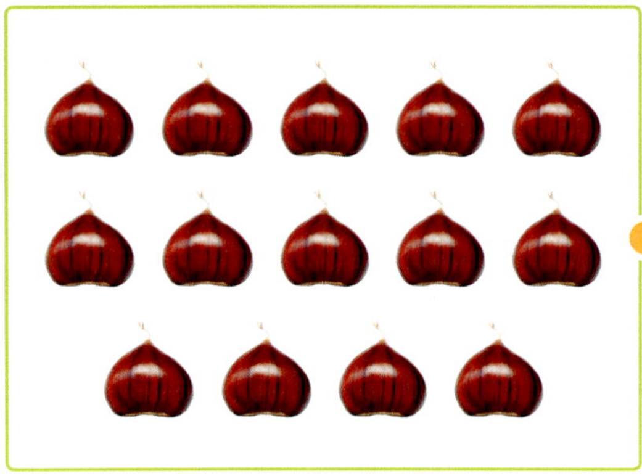

11

12

13

14

15

2 Cuenta y completa.

☐ es ☐ D y ☐ U.

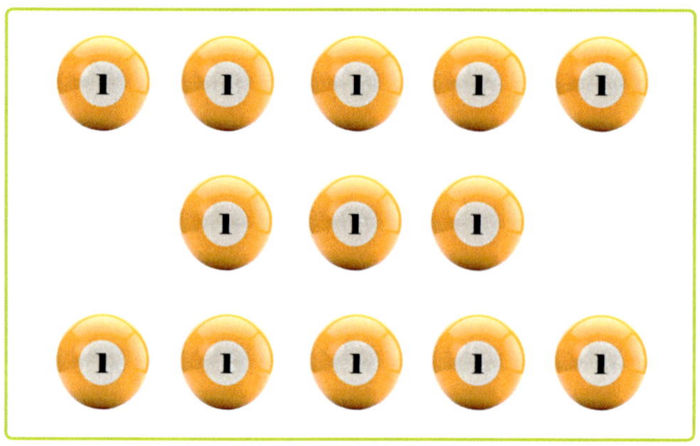

☐ es ☐ D y ☐ U.

Números del 16 al 19

1 Rodea en cada caso la cantidad indicada.

17

19

18

16

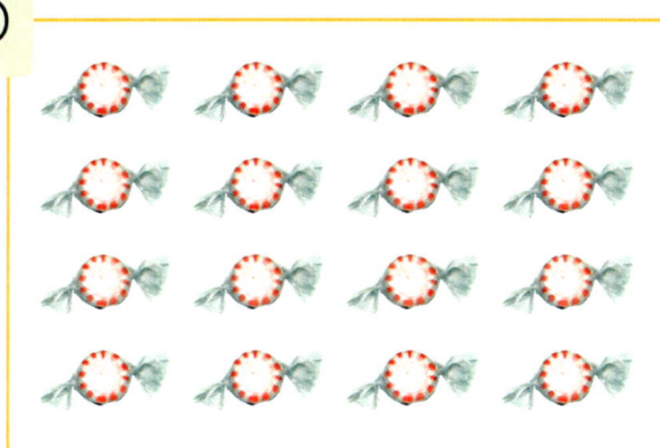

2 Colorea las casillas que se correspondan con el número del centro.

18

3 + 5	1 D y 8 U
10 + 8	ocho

16

1 D y 2 U	dieciséis
7 + 9	5 + 10

Recta numérica

1 Observa la recta numérica y completa.

0 1 2 3  5 6 7 8 9 10 11   14 15

La  tapa el número ☐.

El  tapa el número ☐ y el , el ☐.

2 Resuelve estas operaciones.

5 + 3 = ☐

6 + 3 = ☐

4 – 3 = ☐

9 + 2 = ☐

8 – 3 = ☐

7 – 1 = ☐

▸ En la recta numérica, rodea con azul el resultado de las sumas y con rojo el de las restas.

0 1 2 3 4 5 6 7 8 9 10 11 12 13 14 15

Menor que, igual que y mayor que

1 Rodea con verde los números menores que una decena, con rojo los mayores y con azul el número que es igual a una decena.

12 5 16 10 1 13 8

2 Completa con <, = o >.

11 ◯ 5 15 ◯ 19 10 ◯ 10

3 Escribe V, si es verdadero, o F, si es falso.

☐ Azucena es menor que Juan.

☐ Daniel es menor que Azucena.

☐ Azucena es mayor que Lourdes.

Anterior y posterior

1 Rodea en cada caso el número correcto.

Es inmediatamente anterior a 18.

17 15
4 19

Es inmediatamente anterior a 15.

16 14
4 10

Es inmediatamente posterior a 9.

10 12
8 18

Es inmediatamente posterior a 16.

15 17
9 19

2 Escribe el número inmediatamente anterior y posterior al que se indica.

13	←	1 D y 4 U	→	15
	←	1 D y 8 U	→	
	←	1 D y 1 U	→	

Derecha e izquierda

1. ¿Qué mano tiene levantada la niña? Colorea la respuesta correcta.

derecha

izquierda

2. Observa la imagen y completa con derecha o izquierda.

La pelota está a la ______________ del niño.

3. Observa la imagen y escribe V o F.

- [ ] El loro está a la derecha del perro.
- [ ] El gato está a la derecha del perro.
- [ ] El perro está a la izquierda del gato.

Números del 20 al 24

1 Completa los datos que faltan en la tabla.

Ábaco	Número	Se escribe
	20	
		veintidós

2 Cuenta y responde a las preguntas.

- ¿Cuántas onzas tiene la tableta de chocolate con leche?

Tiene ☐ onzas.

- ¿Cuántas onzas tiene la tableta de chocolate blanco?

Tiene ☐ onzas.

- ¿Cuántas onzas tiene la tableta de chocolate negro?

Tiene ☐ onzas.

Números del 25 al 29

1 Une con flechas según corresponda.

veinticinco	2 D y 6 U
2 D y 9 U	20 + 5
26	29
2 D y 4 U	23
veintitrés	veinticuatro

2 Encuentra el número secreto.

- Es anterior a 28.
- Tiene 6 unidades.
- Es posterior a 20.

El número secreto es el ☐.

3 Continúa la serie.

11 → (+ 3) ☐ → (+ 3) ☐ → (+ 3) ☐ → (+ 3) ☐ → (+ 3) ☐ → (+ 3) ☐

Suma de tres números

1 Observa los dibujos, suma y contesta.

Lanzamientos de Iago

+

Lanzamientos de Sara

+

- ¿Cuántos puntos ha sumado Iago?
- ¿Cuántos puntos ha sumado Sara?
- ¿Quién ha sumado más puntos?

2 Coloca en vertical y suma.

- 3 + 5 + 1
- 2 + 0 + 5
- 4 + 4 + 1

3 Une los números sumando de 2 en 2 y descubre el objeto. Después, coloréalo.

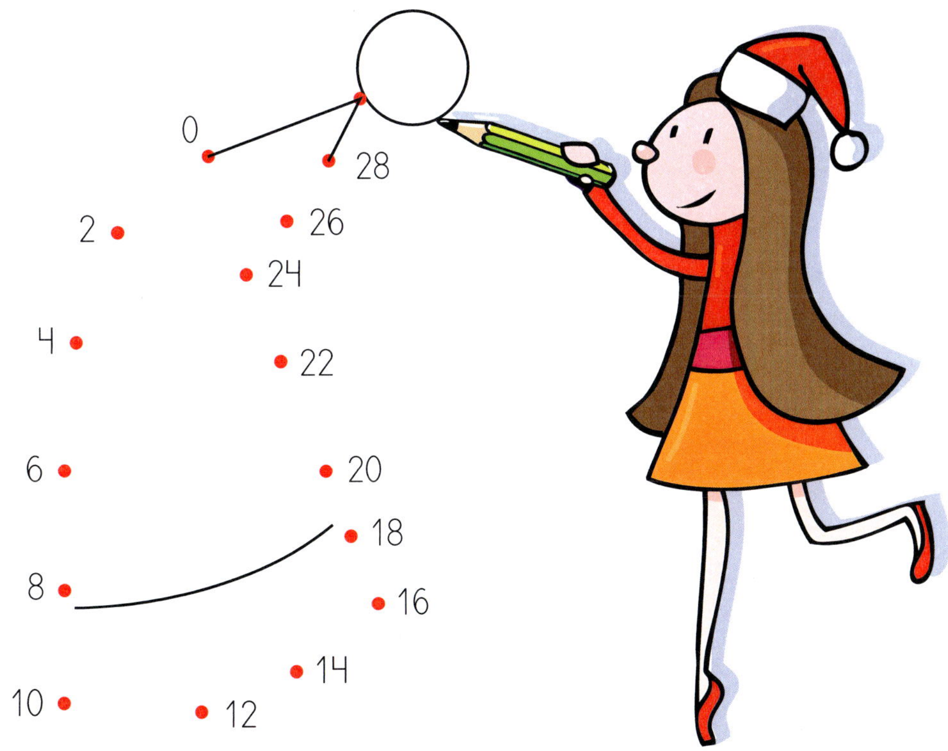

Líneas rectas y curvas

1 Repasa con azul las líneas rectas y con rojo las curvas.

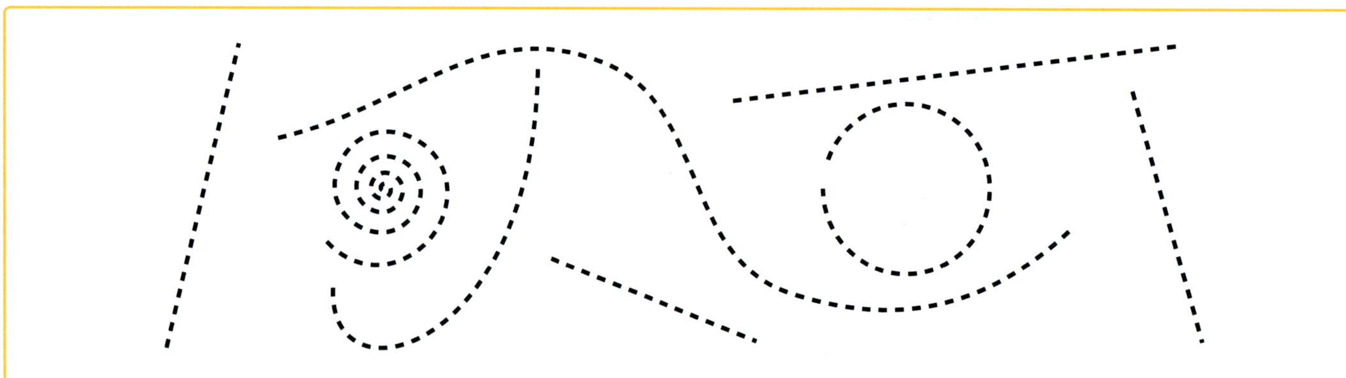

2 Une con flechas según corresponda.

línea recta

línea curva

3 Dibuja 3 líneas rectas y 3 líneas curvas. Utiliza la regla.

Curvas abiertas y cerradas

1. Repasa con azul las curvas abiertas y con rojo las cerradas.

2. Observa los instrumentos de la gimnasta e indica el tipo de curva en cada caso.

El aro es una curva ______________.

La cinta es una curva ______________.

Itinerarios

1 ¿Qué fruta tomará Lidia si sigue este recorrido? Rodea.

2 a la derecha

2 hacia abajo

3 a la derecha

2 Observa el recorrido y completa con arriba, abajo, derecha o izquierda.

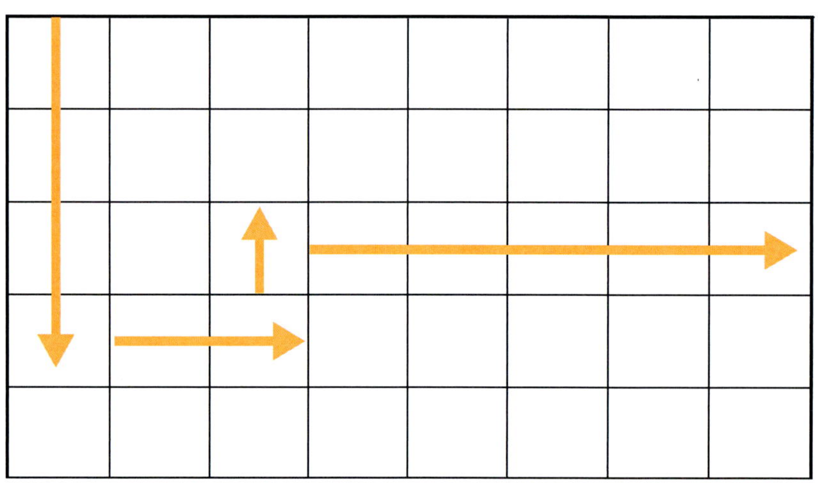

4 hacia ______

2 a la ______

1 hacia ______

5 a la ______

3 Observa el recorrido y colorea el camino.

3 a la izquierda

2 hacia abajo

2 a la izquierda

2 hacia abajo

4 a la izquierda

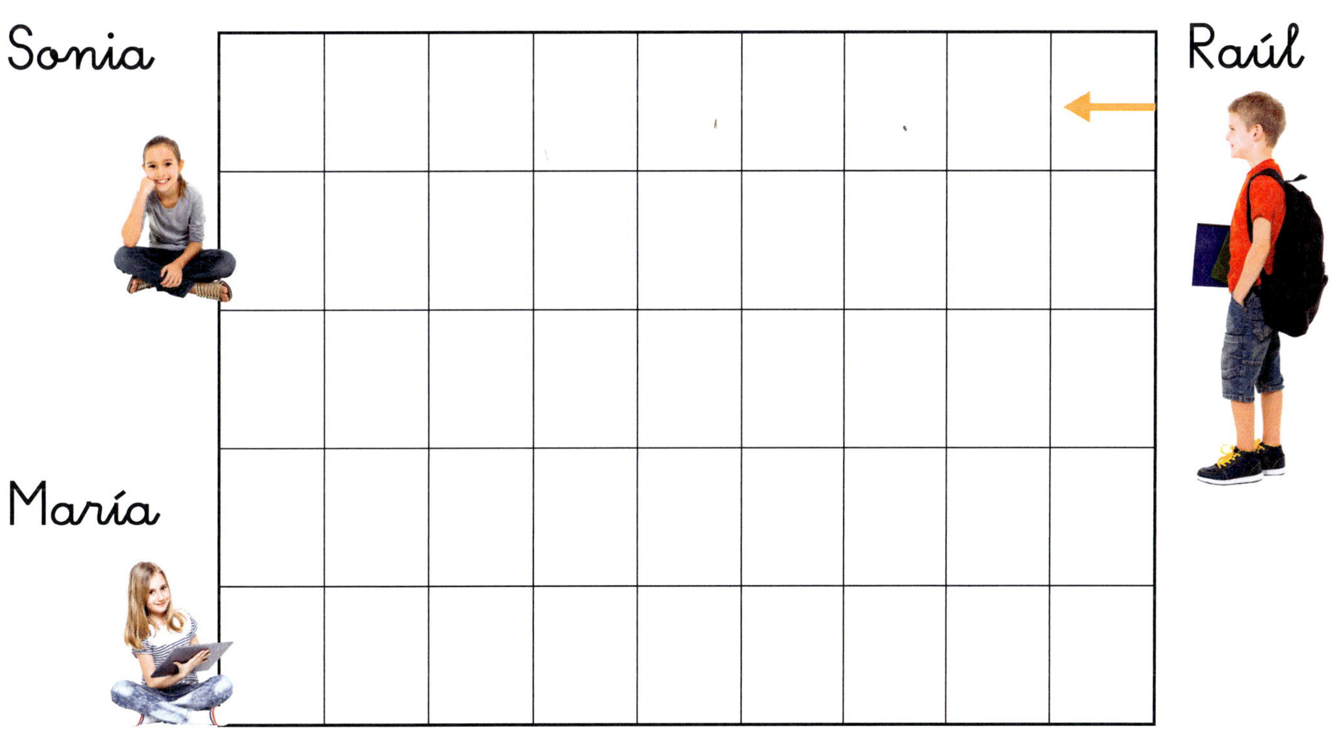

▶ ¿Con quién se encuentra Raúl?

Raúl se encuentra con ______________ .

Resuelve observando la imagen.

1 ¿Cuántos tenedores hay?

Hay ☐ tenedores.

2 ¿Cuántos tenedores habrá si añado uno?

☐ ◯ ☐ = ☐

Habrá ☐ tenedores.

3 ¿Cuántas cucharas hay?

Hay ☐ cucharas.

Resuelve observando la imagen.

1. ¿Cuántos globos tiene Lucas más que Paula?

Lucas tiene ___ globos más que Paula.

2. ¿Cuántos globos tienen Lucas y Paula?

Lucas y Paula tienen ___ globos.

Marca la escena que necesitas para resolver cada problema y resuelve.

☐ 

☐ 

☐ 

1 ¿Cuántos regalos tienen José y Julia?

☐ ○ ☐ = ☐

José y Julia tienen ☐ regalos.

2 A José se le ha caído algún regalo. ¿Cuántos regalos le quedan?

☐ ○ ☐ = ☐

Le quedan ☐ regalos.

Subraya la pregunta que puedas responder con esta escena y resuelve.

1 ¿Cuántos libros son de aventuras?

¿Cuántos libros hay en las tres repisas de arriba?

¿Qué libro tiene más páginas?

Respondo a la pregunta elegida.

☐ + ☐ + ☐ = ☐

Hay ☐ libros.